U0002132

最想收到的手工皂

用天然材料輕鬆做出20款
創意樂趣、保養沐浴、居家清潔的送禮皂款！

莎拉·哈伯 Sarah Harper 著

林品樺 譯

本書特色

- 不需要購買市面上的化學商品，就能教你製作美麗的手工香皂。本書不只教你製作盥洗用的肥皂和洗髮乳，甚至還教你製作手工清潔粉和放在洗碗機裡的皂塊——這是一本將所有清潔用品一網打盡的香皂書！

- 本書教你製作的手工香皂，不僅可以呵護你的肌膚，也有益地球環境，符合目前無化學、低負擔的潮流。

- 一步接一步的精美圖例，引領你輕鬆地製作香皂，完成更多創意，此外還能以最具特色的方式包裝呈現。

關於本書

- 從滋養的燕麥香皂，到令人驚艷、使用玫瑰花蕾做成蛋糕形狀的香皂，這本書可以鼓舞手工香皂的同好，激發創意。讀者可以學習兩種關鍵技巧——傳統的冷製法和快速又有趣的融化再製法，並學習20種創新的點子，例如獻給魅力女孩的華麗香皂、給園丁的耐用香皂或是給男士的頹廢風禮物，以及藏有驚喜、為小朋友洗澡製造樂趣的香皂，當然還有居家使用的天然清潔用品。

- 圖解再加上作者多年的教學經驗，為本書提供了精采建議，讓每一種製皂方案都可以輕易完成，消除讀者的疑慮，指引讀者如何事半功倍。此外，每一種配方還有小技巧，並提供簡單、容易學習的方式。這是一本很棒的書，裡面提供的技巧都非常實用，所以任何人，甚至是小孩子，都能做出各種引以為傲，端得上檯面的香皂！

目錄

PART1
華麗的香皂冒險

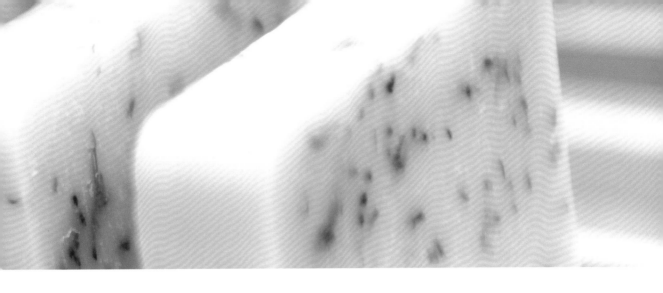

PART2
和孩子一起玩皂趣

PART3
無毒的自然生活

—前言—

儘管那已經是非常久的事情了，但我仍然記得我第一次為了屬於我的天然製品而著迷的感覺。我第一次的自製香水大冒險，是在一個充滿陽光的日子，將祖父玫瑰床上的玫瑰花瓣蒐集起來，混入水，再放進果醬罐裡。雖然沒有成功，但已經足以讓當時是個孩子的我，沐浴在陽光裡盡情投入。

早先我的靈感來自於一本《自然美之書》，由克萊兒・麥斯威爾-哈德森（Clare Maxwell-Hudson）所著。在書本中我發現了專門製作肌膚乳液、唇膏和面膜的配方，在廚房或花園都能發現這些配方。我還保存著這本書，我常想它啟蒙了我的職業生涯，讓我樂於與他人分享生活方式。

雖然我已經有製作乳液和乳霜的多年經驗，但在九年前朋友送的一本書裡，我才知道如何製作香皂。傳統的冷製法和工廠製的香皂相距甚遠，記得我還小的時候曾經做過一次，也因此我知道我再也回不去使用市售香皂的日子了。

香皂的歷史

香皂的歷史悠久又精采，一開始在歐洲，凱特人(Celts)利用動物的油脂和燒乾的植物來洗澡和刷洗。羅馬人是最早使用香皂的民族，他們利用山羊脂及燒乾的樹木製成香皂，因此在龐貝城遺址下還保有整座的香皂工廠，以及完整的展示台。自13世紀開始，歐洲開始製造香皂，產橄欖油的國家能夠製造出專門給個人沐浴使用，品質極佳的香皂。北法及英格蘭也使用動物油脂做成一些較為劣質的洗滌物，主要拿來洗衣與清洗紡織物。一直到1916年，香皂一直都被拿來作為個人沐浴、洗衣及其他盥洗工作的必需品，但是當第一次世界大戰開打，油脂的存量短缺，刺激了其他洗滌劑的發明。洗衣的時候，洗滌劑取代了香皂、清潔用品，還有許多身體使用的產品，人們寧願使用洗滌劑也不要使用香皂了。因此目前在商品陳列架上有許多沐浴乳、沐浴露和洗手乳，但在一般超市，香皂已經極為少見了。

◀香皂是什麼

　　香皂是氫氧化鈉（苛性鈉）混合油脂所製成，如果你還記得學校學過的化學：調和酸和鹼的比例，製造出酸鹼值8.5的產品。當油和氫氧化鈉在特定溫度混合時，在水裡產生反應，這個過程就稱為皂化反應，最後能產出香皂。苛鹼混合油脂能製作出溫和又滑潤的產品，對肌膚溫和，且不會殘留氫氧化鈉。當香皂遇到水，產生泡沫，能夠抑制塵污並洗淨汙垢。常有人認為手用香皂不夠衛生，因此轉而使用抗菌的洗手乳，但不幸地是相對產生了抗生素及耐藥性，所以洗手乳不見得比較衛生。骯髒的手一樣會去摸按壓頭，就如同手碰觸到手用香皂，除非按壓頭上毫無細菌，不然其實香皂可以直接把細菌洗掉。

　　香皂的組成其實非常簡單：一旦掌握基本知識，就能創造出上萬種不同的質感、顏色、形狀及香氣，完全客製化，屬於你個人的香皂。

◀為什麼要製作香皂

　　我開始製作香皂起因於我對於洗滌劑、市售的清潔用品與身體清潔用品，變得非常敏感。有些市售的香皂缺乏甘油，在天然製皂過程中，甘油能讓泡沫滑順又不刺激，不過仍然有些市售的香皂中可萃取出甘油的成分。甘油的成分同時也存在於市售的感冒藥或家庭成藥裡。傳統的香皂冷製法保留住這個神奇的成分，這也是其中一個讓我喜愛製作香皂的理由。

◀關於這本書

　　這本書的主要目標是提供你基礎概念及所需技巧，幫助你做出很棒的香皂。在每一種皂款的開頭會先建立製皂的技巧，教你一步步鞏固所學的知識。除了已經退流行的製皂技巧，你也可以學到如何製作液體狀的香皂，這是一種安全又快速的方法，不需要使用太多化學用品，對小孩子來說也很容易學習。

　　雖然香皂主要是用來洗淨身體，但在家裡還有許多能利用香皂之處，在「無毒的自然生活」的章節，你可以發現如何在生活裡使用天然成分的香皂，像是用洗碗機清潔片或是洗衣粉去清潔一些用品。在「和孩子一起玩皂趣」這章，提供你一些有趣的香皂產品，可以和小朋友一起玩，讓他們了解如何製作天然的香皂。

　　當你嘗試製作屬於自己的香皂時，你會想把最棒的部分都展示出來，所以你會開始有些點子，思考如何包裝與手作裝飾這些香皂，以作為禮物或是產品。一旦你掌握了基本知識，就能披荊斬棘，精益求精。

　　我希望你可以在這本書中找到樂趣，並且在製皂時帶給你無比的快樂，就如同製皂帶給我的喜悅一樣。

—製作香皂的必備工具—

製作香皂就像在做菜，而且製作香皂的設備可能已經都躺在你的家裡。當你開始製作香皂時，應盡量避免用到化學物，只要利用必須使用到的油脂，放到你製作香皂的器具中就好。

◀設備及材料

以下列出製皂過程中的
基本設備和材料：

Tips 　如果你的廚房有很好的工作檯面，我建議你就在那上面製作就好（別問我為什麼，因為我付出了很昂貴的代價！）此外，開始製作前，檯面上記得鋪上塑膠桌布或油布。

1. 橡皮手套、圍裙、護目鏡和長袖上衣：保護自己被化學物品噴濺或煙燻。

2. 醋：記得放在手邊，它可以中和氫氧化鈉，因為酸能中和鹼，所以如果手上拿著鹼性液體，或者它碰到皮膚，記得用酸來洗淨，可以讓你不被灼傷。如果家裡有小孩或寵物，可以像我一樣，把醋噴在地板上，防止表面殘留你不知道的化學物。

3. 不鏽鋼鍋：用來加熱香皂（最少要有三公升的容量）。不要使用任何金屬製的鍋子，比方說鋁鍋，因為它會和香皂起作用。

4. 融化油的熱源：家裡的爐子或是移動型的小電子露營爐。

5. 模具：將液體香皂倒入模具，創作基本的款式，這也是香皂最後的樣子。市面上有很多種類，從一面是覆油紙的紙板到客製化的矽膠模具，都能輕易製作出香皂。最好的模具是矽膠或比較硬的塑膠，因為比較滑潤。如果你是個重視廢物再利用的人，可以使用果汁盒、排水管、乾淨的紙板、塑膠鍋和蛋糕模具。網站上有賣各種模具，可以幫助你把每一條香皂切得一致，或者提供創新的形狀（取決於供應商）。普遍而言，一次做出較大型的香皂是比較好的，因為把皂液倒進小的矽膠模具裡，失溫較快會使皂化過程較為費時。假設要做出一個小香皂，先將大型的皂塊做完，再利用額外餘溫，從模具裡取出後再切割。

6. 保鮮膜（塑膠紙）或硬的塑膠布：為了覆蓋正在皂化的表面，預防肉眼無法辨識的純鹼（白色粉末，皂化時，空氣遇到皂液時會產生）。粉塵無害，但為了美觀還是盡量避免出現。

7. 油紙：用來包覆木頭製的模具或是紙板。

8. 毛巾、毛毯或紙板：當皂液倒入模具的時候，預防溫度流失以確保完整的皂化完成。記得放兩條大的毛巾在桌上，依序放上紙板、要製作的香皂，再墊上一層紙板。然後再用毛巾把香皂都包起來。如果在比較冷的房間，也可以用毯子覆蓋在香皂周圍。

9. 秤重計：確認電子秤重計最小可以計算到1公克，最大可以到3公斤（如果你希望未來香皂可以量產，一套商業用的秤重計是必要的）。

10. 塑膠罐、玻璃碗和水罐：為了測量氫氧化鈉以及其他乾燥的成分，以及方便將氫氧化鈉與水融合。

11. 乾淨的果醬罐：用來儲存必要的油脂，這是能重複使用的最好罐子。最好不要用洗碗精來洗這個罐子，可以用精油沖洗。因為每個罐子我都拿來做不同油脂的混和，之後再使用精油清洗，最後放在架子上能再次利用。這能預防油脂或精油的浪費。

◀基本製皂配件

下列工具在往後的製皂過程將會一直出現：

1. 製皂時的溫度計及果醬溫度計：製皂時的溫度計遇到腐蝕性液體
   不會起任何反應，但一般果醬溫度計就有可能會起反應。（相信
   我，如果你把這兩種溫度計搞混了，把果醬溫度計放在腐蝕性液
   體中，就得要撿起漂浮在液體上的溫度計數字，雖然溫度計上的
   數字消失聽起來是件很好玩的事，但這一點都不好玩）果醬溫度
   計可以放在不鏽鋼鍋裡測量油的溫度，非常實用。

2. 矽膠做的攪拌器、刮刀、湯匙和硬的攪拌棒（任選）：它們在製
   皂過程中遇到加熱或與鹼混合時，不會產生質變。一把好的刮刀

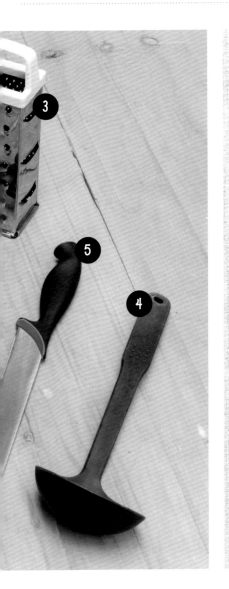

健康又安全的小技巧

跟著下列的簡單規則，就可以享受安全的製皂過程：

- 從開始到結束，務必戴上適當的護目鏡，記得結束後也要清洗乾淨。
- 穿長袖、褲子以及橡皮手套。醫療用的手套比較輕巧，可以戴著測量香精油，不過醫療用的手套還是太薄，不建議製皂時使用。
- 製皂過程中，務必讓小孩和寵物遠離。無論你的香皂還是液體狀態或已經成形，請在製皂結束後，完全清潔完畢。
- 隨時將醋放在手邊，方便中和噴濺物或是清潔表面。
- 氫氧化鈉是有毒物體，如果你誤食了，記得喝很多水，並和毒物中心聯絡。如果氫氧化鈉跑入你的眼睛，用大量清水清洗至少半小時，並盡快就醫。
- 當你將氫氧化鈉及水混合時會產生煙霧，記得把你的頭仰起不要靠近碗，並且讓室內保持通風，可以的話，盡量在戶外製作。
- 使用前要先測試香皂，至少放置4至6週。

可以把香皂刮乾淨，避免浪費。攪拌器可以攪拌原料，當你熟練製皂之後，可以大量製皂，使用攪拌器可以更有效率（請看P.122進階技巧）。

3. 起士刨刀：完成香皂製作最後的塑形，可以蒐集剩下的殘屑回收，用在其他的產品中。

4. 矽膠或塑膠瓢：在大量製皂時，如果不鏽鋼鍋裡的皂液太重可以舀一些起來。

5. 尖銳的刀子、切起士的刀子、切香皂的工具和割紙板：當皂塊已經乾得可以切割，就可以切割出一個個香皂塊。

6. 刷子：可以用來將噴霧或融化的固體油潤滑模具。

7. 咖啡磨豆缽或研磨杵加磨杯：好用來研磨香料、草藥及燕麥。

8. 酸鹼試紙：當香皂冷卻及變硬時，用來測試最後完成香皂的酸鹼度。網路上很容易買到較為便宜的石蕊試紙。

—成分—

手工香皂的基本組成包含油脂、氫氧化鈉和液體。只要利用這些項目就能輕易製作出香皂了。不過還可以加入精油、香料、顏料、磨砂及植物，讓你的香皂更有屬於自己的風格。

◀ 油

　　大部分的做法中都需要用到油脂，每一種油都能做出獨特的產品。每一種油脂都需要氫氧化鈉才可以結合變成香皂（皂化反應）。可以上網查皂化的流程圖，網路上也有一些計算程式，能幫助你計算油脂與氫氧化鈉的比例，讓你的製皂過程較為安全（請參考網站MMS Lye Calculator：www.thesage.com）。在製皂過程中，可以添加額外的油脂讓香皂更溫和。額外的油脂可以讓香皂更飽滿，所以我提供的配方通常都會超過6至7%的油脂含量。如果你覺得這樣有點冒險和多餘，你還是可以製作一般的香皂就好。

　　以下是各種較常使用的油脂及成分。你可以在網路上看到製皂過程中的各種詳細成分，以及最大可使用的比例份量，獲得最好的結果（請參考P.124國外網路資源的章節）。

❸

★利用以下油脂和建議比例，嘗試打造屬於你的香皂以及掌握品質。但記得各種新的配方都要先計算鹼的比例。

❶ 葵花油　　　❹ 可可油　　　❼ 蓖麻油
❷ 橄欖籽油　　❺ 乳木果油　　❽ 麻油
❸ 棕櫚油　　　❻ 可可脂油

橄欖油：25-50%

在配方中，橄欖油通常至少都會使用50%，它能創造出溫和柔潤的泡沫以及較強的保濕效果。你可以使用各種等級的橄欖油，橄欖籽油是比較有價值的一種，並且能加速皂化（皂化是指皂液正在變硬的狀態）。使用特級初榨橄欖油，在我的經驗裡反而表現不佳。

椰子油：使用到30%

椰子油是另一個我建議使用在配方裡的油，我相信它可以做出很好的香皂。可以讓香皂變得較硬，但又產生很棒的泡沫，且不會立刻就消失。

棕櫚油：25-50%

棕櫚油和椰子油、橄欖油一樣，都是最常見的使用油，因為棕櫚油可以有很好的奶油持久度，且能夠製造出較不會消失的泡沫。不過棕櫚油是一種有爭議性的油，因為它的製皂過程對於馬來西亞的環境和居民會造成影響，而且在泰國太過於密集種植棕櫚樹。如果你想要使用棕櫚油但又不想要受到道德的譴責，最好是買有機的棕櫚油，它主要產自哥倫比亞，一個比較小，但比較合理的產量規模。

蓖麻油：5-15%

蓖麻油在製皂中比較少見，特別用來製作洗髮香皂，這有助於清洗並且產生泡沫。

Tips　如果你使用精油或香料可以更容易上手（在倒入前先抹在不鏽鋼鍋上），使用品質較好的油，能夠減少問題產生。

可可脂油：5-15%

可可脂油和棕櫚油的成分很像，也可以製作出好的泡沫，不過這是很貴的油，因此建議和香精油及植物一起使用（請看P.123超脂的段落）。

乳木果油：5-15%

乳木果油是富含營養，以及昂貴的油脂，可以製作出又硬又有滑順質感的香皂。可以和可可脂一同使用，以取代棕櫚油。通常在皂化時可以加入草藥作為滋養品（請看P.123超脂的段落）。

葵花油：10-20%

葵花油大部分都可以取代橄欖油，它可以製造出比較持久的泡沫，溫和清潔，減緩皂化的速度。

麻油：5-10%

麻油對皮膚很好，如果量很多可以製造出比較軟的香皂，但是泡沫可以比較持久。不過容易發生酸敗的情況，所以僅建議製造小量，並且香皂一年之內要使用完。

◀染料

　　有許多種方式可以幫香皂上色，但要記得冷製法的製皂方式，加上不同的使用成分，會產生不同顏色，因此要不停實驗。因為手工香皂是很天然的產品，我傾向使用樸實溫和的染料，而不是太明亮的染料。可以用香料和泥土來創造出比較天然的顏色。你同樣也能使用蠟片，蠟片通常主要拿來作成蠟燭以及蠟筆。需要不停做實驗，直到發現最適合的百分比。如果你要做比較明亮染料的實驗，可以從供應商那裡取得氧化物級的化妝品。之後的配方中會依序介紹各種顏色類型。

　　在融化再製的過程中，將液體皂上色或是等它乾了再上色這個步驟會跟著加水的步驟一起進行。在融化再製的過程裡，添加1.25毫升的染料時最好和15毫升的水一起，你也可以在過程中再滴入其他顏色，直到你滿意最後的成色為止。精油（請參考P.123），通常也能幫助細膩調色。

★香皂中加入下列天然成分及香料：
❶ 可可粉
❷ 肉桂
❸ 辣椒粉
❹ 膨潤土
❺ 薑黃粉
❻ 咖哩粉
❼ 法國粉紅礦泥粉
❽ 匈牙利紅椒粉
❾ 螺旋藻粉

◀ 香味

　　大部分的香味我都使用天然
精油或是植物製作，例如蜂蜜及
肉桂，這兩種香氣都會令人食指
大動。有一些香味只能從香水油
獲得，大部分都是以食物味道為
基底，例如椰子、蘋果和櫻桃。

　　精油不只提供香味，同時也
具備滋養效果，許多精油具有抗
真菌或抗菌性，讓香皂可以使用
更久，精油和香水都可以從一些
知名的香皂供應公司購買。如果
你不是一位合格的香療師，但很
想嘗試實驗，要非常小心混合精
油的步驟。網路上有許多精油配
方，製作時記得要特別小心，也
要記得戴手套。

★精油可以有豐富的香氣，也會有抗菌性和抗真菌性：
❶ 肉桂　❷ 薰衣草　❸ 橘子　❹ 薄荷　❺ 迷迭香

◀ 植物

　　許許多多的植物都可以加進香皂裡，提供不同的質感和樂趣！有一些可以去角質，例如燕麥、浮石
和咖啡粉；有一些只是裝飾用，例如薰衣草的種籽以及橘子片，有一些具有療效，例如蘆薈、維他命E
和蜂蜜。植物、染料和香料都可以加入你的香皂配方，當香皂開始皂化的時候就可以加入了。有一些植
物，例如玫瑰種子和花瓣，當香皂開始變硬的時候，這些就比較適合做成外部裝飾。

★植物可以去角質、裝飾你的香皂或是增加其他療效：

❶ 燕麥粉	❾ 迷迭香	⓱ 丁香花蕾	㉕ 檸檬皮
❷ 椰子粉	❿ 百里香	⓲ 肉桂	㉖ 乾燥椰子
❸ 浮石粉	⓫ 紫草	⓳ 蜂蜜	㉗ 海藻粉
❹ 橄欖石粉	⓬ 蕁麻	⓴ 維生素 E	㉘ 巧克力
❺ 杏核	⓭ 檸檬草	㉑ 蘆薈	㉙ 山羊奶粉
❻ 薰衣草	⓮ 茉莉花	㉒ 橘子片	㉚ 罌粟種子
❼ 金盞花	⓯ 玫瑰花瓣	㉓ 橘子皮	
❽ 鼠尾草	⓰ 玫瑰花苞	㉔ 檸檬片	

─技術─

◀ 冷製法

　　用冷製法製皂就像烹飪一樣簡單愉快，這個方法在過去幾百年極少改變過，因為它是很傳統的技術，也很容易上手。比起市售香皂，冷製手工皂因為富含甘油，所以比較溫和，而且比較滋潤。在過去，每個家庭都有一個香皂日，全家一起製作整年需要的香皂。現在因為氫氧化鈉的發明，已經不需要將木頭廢爐留下以製作強鹼，也不用等待油脂。透過配方裡的幾種成分、幾樣簡單器材，滋養的香皂就能在幾小時內完成。在這本書中有些方案也是使用冷製法，在你開始製作前，記得閱讀重要的安全建議！

基本香皂的成分

- 300公克椰子油
- 600公克橄欖籽油
- 300公克棕櫚油
- 植物和精油（後面的配方會再提到數量）
- 375毫升的冷水
- 168公克的氫氧化鈉

Tips 　使用氫氧化鈉的時候，記得把醋隨時放在手邊，假設氫氧化鈉不小心碰觸到皮膚，醋能中和鹼。

1 先用刷子沾少量的椰子油潤滑模具（請參見P.10設備及材料）。

2 在模具裡面放入折好的防油紙（請參見P.10設備及材料，如果你使用的是矽膠模具就不需要這麼做）。

3 秤量橄欖籽油、椰子油和棕櫚油放入不鏽鋼鍋，開始加熱並攪拌，直到所有的固體油都已經融化，將溫度計放入，當溫度到達60度。停止加熱並置放一旁。

4 根據配方，秤量所需的植物和精油，在處理精油時記得戴塑膠手套。

5 秤量水並倒入大碗內，秤量氫氧化鈉放入乾淨的罐子中。戴護目鏡和塑膠手套，記得在通風良好的地方工作。

6 一邊攪拌一邊將氫氧化鈉加入水中，記得頭部與它保持距離，不要吸入釋放出來的粉塵。假設都還沒有完全溶解，先將它放在旁邊，再放入溫度計。

7 一小時中，定期檢查油和氫氧化鈉的溫度。當兩者都快接近52度時，再慢慢地將氫氧化鈉倒進油中。

8 接著，用攪拌器持續攪拌直到它開始變硬，這就是皂化的過程，可能需要花一小時或更長的時間。當它在皂化的時候可以用湯匙測試，滴幾滴液體在表面，如果它沉下去，沒有任何水印，表示還沒有在進行皂化，如果表面只有留下線條就表示已經在皂化了。

9 當皂化開始時就可以加入精油，或是任何植物成分的物質，記得如果有使用的話要完全攪拌。

10 將皂化的皂液小心倒入模具中。

Tips

假設油脂的溫度掉得太低，你可以再慢慢加熱，記得當它只比你要的溫度低幾度時，把它從爐子上移開就好。如果要冷卻熱過頭的油脂，將它放在注滿冷水的平底鍋，隔水慢慢攪動直到降到你需要的溫度，記得如果它比你要的溫度只高幾度時，同樣也將它從平底鍋上移開，它自己會慢慢降到你要的溫度。

11 用保鮮膜包在注滿皂液的模具表面，完全覆蓋，避免出現粉塵。保鮮膜上再蓋上一層紙板，最後用毛巾或是毯子整個包住，避免太快降溫，放置冷卻大約24小時。

12 一旦香皂冷卻，記得將模具中的紙連著香皂一併拿出。

13 如果要測試香皂的酸鹼值，削一點香皂溶解於水（請參考P.114酸鹼值測試）。酸鹼值應該是10或更低，大部分都在8或9。如果高於10，先把它置放幾星期再度固化（請參考P.113固化的段落），之後再測試一次。

14 一旦完全乾了後，將香皂切塊，再放置6星期，讓它們變得更硬。確保每一個香皂塊之間有距離可以呼吸。再放個一週，使香皂塊可以更凝固，一塊耐用的香皂就完成了。

Tips 如果香皂不是很容易從模具中取出，將它們放進冰箱8小時，一旦結凍，就可以從模具中取出了。記得戴手套，取出後再把香皂放在托盤或類似的東西上解凍。

◀融化再製法

　　融化再製是製皂前的一項步驟，可以讓你很快就製皂成功，不需要冷製法中的那些化學步驟就能完成。這樣做出來的產品很簡單，對小孩來說很安全，成人也可以使用，不過它只適合作成小的、漂亮的香皂，不需要像冷製法那麼長的固化時間。融化再製會產出透明或不透明的產品，兩種都可以上色及加入香味，當然也可以添加植物。

◆基本植物：因為融化再製法不需要冷製法中的高溫，植物可以保留原本的顏色和構造。沒有甚麼特別需要的材質，只要簡單少量地用微波爐加熱，若是量比較大的話就用不鏽鋼鍋加熱。

香皂基本成分

- 乾淨或白色的皂基
- 外用酒精

1 根據配方需要秤量所需的熔體，和要倒入的香皂基本所需分量，切成小塊以便快速融化。

2 將這些小塊放置在微波爐碗，或是小的平底鍋內，緩慢地讓它低溫熔化，避免產生氣泡或過熱（理想狀態是120度）或是確認一下手冊中的理想溫度是多少。

3 當皂塊開始融化時一定要快速加入香料、染料和植物。假設有需要的話，是可以再次融化，但香氣就會蒸發了，所以務必避免這樣的情況發生。謹慎地使用染料，太多會影響香皂的透明度，有時候洗澡會產生有顏色的泡沫，或是把床單染色。所以不要加太多比較亮的染料和粉末，它會沉入底部被吸收。

4 當你開始要加入植物的時候，就一邊倒入模具中。

5 在皂液表面塗上非外用的酒精（可以從化學商那裡拿到），可以抹平上面的泡泡。

6 當它變硬後，就可以從模具中取出使用。如果你的香皂不是很容易拿出來，放在冰箱裡幾小時讓它更硬，就能從模具中取出了。不要用冷凍的方式，因為如果太硬的話會斷掉。

Tips 加熱過程要保持耐心：如果在融化再製的過程中太急躁，最後的產品容易有問題。

Part 1
華麗的香皂冒險

這本書的目的在於藉由不同的基本製皂技巧，整合你的知識，成為專業製造者。每一個單元都是最基本的配方，裡面由豐富的植物，以及有趣的、充滿水果香氣的配方混合而成，讓你的香皂成為獨一無二的作品。

還有許多香皂知識在等著你，不過在做手工皂前，基本功還是要正確，所以慢慢來，最重要的是一定要樂在其中！每一個配方都可以跟著書上的步驟一一學習，還有成分清單、需要的器材，還有小技巧提醒，清楚的指令，讓你瞭解任何一種所需要的技術。

寶寶柔軟天然皂

新生兒在剛出生的前幾個月其實不需要用香皂洗澡,不過如果你不打算只用清水洗淨,這個簡單的香皂不添加香精油,適合寶寶敏感的肌膚。金盞花能舒緩尿布疹,並保有寶寶原始的乾淨香味。

製作1.8公斤的香皂,你會需要:

基本成分

- 600公克橄欖籽油
- 300公克椰子油
- 300公克棕櫚油
- 375毫升過濾水
- 168公克氫氧化鈉

植物

- 30公克金盞花油
- 金盞花花瓣

器材

- 可以容納1.8公斤的模具
- 切餅乾器(任選)
- 基本的器材（請參考製皂所需器材）

技巧：冷製法

1 跟著基本的製皂步驟（請參考P.20冷製法），
皂化時加入金盞花油和花瓣。

2 脫皂並切片，讓香皂冷卻6週（請參考P.112冷
製香皂的切割與成形）。

◆**基本植物**：額外添加的金盞花油可以去角質，
在皂化時添加這些成分，能幫助產品增加顏色。

貼心建議

如果想要節省一點：

可以剪下麻袋剩下的布料，

做成去角質的浴巾。

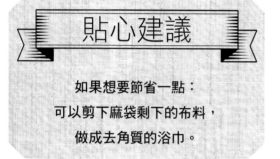

製作金盞花油

如果要製作金盞花油，需要一個乾燥的有蓋果醬罐、非常乾燥的金盞花花瓣、橄欖油，還有外頭的陽光。將果醬罐裝滿三分之二的金盞花花瓣，加入橄欖油至瓶罐頂（可能的話，使用有機頂級初榨橄欖油及有機金盞花花瓣）。放在溫暖的地方約3至4週。你也可以撿拾掉下的花瓣來榨油，記得罐子上要貼標籤，同時放在陰暗的角落，它也可以治紅癢、蚊蟲咬、抓傷、割傷或是尿布疹。你也可以混入乳霜或唇膏中。

裝飾技巧

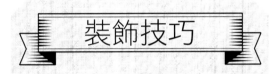

也可以使用切餅乾器切出可愛造型，
讓各種年齡的小朋友都喜歡這個香皂。

薰衣草療癒皂

融化再製法最棒的就是你可以做少量，但又是你確實所需的量。這些簡單的香皂看起來非常多元，又不需要任何特殊的器材或染料，你需要的只是乾淨的熔體、能倒入皂液的底盤，或是任何矽膠形狀模具，並添加食用色素。薰衣草這類奢華的香皂由薰衣草精油製成，具有緩解的成分，也能溫和肌膚。

製作360公克的香皂，你會需要：

基本成分

- 360公克的熔體，切成一小塊狀。
- 2.5毫升紫色食用色素，和著水慢慢滴入直到變成你喜歡的成色。

植物

- 4公克薰衣草香精油

器材

- 矽膠鬆餅盤
- 基本的器材（請參考P.10製皂所需器材）

1 根據融化再製法的基本步驟。當所有的熔體都已經融化時，加入精油和紫色染料。再慢慢將皂液倒入模具中。

2 冷卻後，將它從模具中取下（請參見P.112脫模），你的香皂就已經可以使用了。

技巧：融化再製法

夏季漩渦檸檬香皂

製皂的過程中使用染料是一件很有趣的事，你可以用不同的顏色和香料做實驗，會產生不同的可愛結果。這個屬於夏天的香皂，其特色是擁有美麗的漩渦，清新、吸引人的檸檬草香氣，同時也具有防蟲作用，能舒緩皮膚的乾癢以及避免蚊蟲咬傷。

製作1.8公斤的香皂，你會需要：

基本成分

- 600公克橄欖籽油
- 300公克椰子油
- 300公克棕櫚油
- 375毫升過濾水
- 168公克氫氧化鈉

植物

- 1公克紫色香料粉
- 24公克檸檬草精油

器材

- 可以製作1.8公斤香皂的模具
- 基本的器材（請參考P.10製皂所需器材）

技巧：冷製法

1 根據基本製造步驟，直到完全皂化（參考P.20冷製法的步驟）。

2 將1公克的紫色染料加入一湯匙的水混合。

3 從不鏽鋼鍋取出240毫升的皂液到量杯裡，混合染料和水，變成暗紅色。

4 將剩餘皂液倒入模具，再將被染色的皂液倒在上面，創造出隨機的設計圖案。

5 使用湯匙的末端，攪畫出漩渦的形狀，直到變成你喜歡的樣子。

6 如同之前覆蓋和隔絕香皂的方法（參考P.20冷製法的步驟），放置到完全乾燥，脫模後切成自己喜歡的樣子（參考P.112冷製香皂的切割與成形）。

Tips

當你在處理染料粉時，記得要戴橡膠手套，如果溢出要立刻清潔。留在皂液表面的粉會吸附空氣中的水氣，在表面留下汙點。

咖啡療癒去角質皂

農夫每天花很多時間耕種，需要專用香皂才能去除身體上的污垢，並提供去角質功能。咖啡是天然的抗氧化劑，當香皂內的研磨咖啡成分開始剝落時，可以消滅髒汙和重新洗淨疲憊的雙手。再添加吸引人的萊姆油，你便擁有了完美的解毒劑，可以消除清理雜草的辛勞。

製作1.9公斤的香皂，你會需要：

基本成分

- 600公克橄欖籽油
- 300公克椰子油
- 300公克棕櫚油
- 100公克麻油
- 400毫升過濾水
- 181公克氫氧化鈉

植物

- 30公克研磨咖啡豆
- 26公克蒸餾萊姆精油

器材

- 可以容納1.9公斤香皂的模具
- 黏土孔切割器，或取蘋果心器
- 一些粗麻繩
- 基本的器材（請參考P.10製皂所需器材）

Tips　為了測量模具能夠承受的香皂總量，可以先將模具清空再加入水。水最多能注入模具所承受的重量，就等於皂液能注入的總量。

技巧：冷製法

1 根據基本製造步驟直到完全皂化（參考P.20冷製法的步驟）。確保研磨咖啡和萊姆精油在皂化之後能夠融合。

2 當香皂脫模之後，立刻使用大一點的刀子或是起士切割刀，切成一小塊狀（參考P.112切割段落）。

3 使用黏土孔切割器、刀子或是取蘋果心器，在香皂上打一個洞。讓香皂在24小時之內能夠乾燥。

4 將麻線穿過孔，吊在外面乾燥6週（參考P.113固化的段落）。

◆**基本植物**：麻油有溫潤的效果，因為手工香皂也可以達到天然保濕的作用。

貼心建議

將香皂掛在室外的水龍頭上，
當你最需要的時候，
馬上就可以用了！

手指修復霜

種花及不停洗淨髒汙的雙手，將會損害手上原本的油脂，讓雙手變得乾燥又粗糙。因此修復這些傷害很重要，但不能再使用更多的化學物品。這款非常簡易的護手霜配方提供營養和保護，此外具有薰衣草殺菌和癒合傷口的效果。

製作至少90公克的護手霜，你會需要：

基本成分
- 20公克杏仁油
- 20公克椰子油
- 15公克蠟油
- 30公克甘油

植物
- 15滴薰衣草香精油

器材
- 玻璃瓶
- 100毫升的罐子或鍋子
- 基本的器材（請參考製皂所需器材）

1 不鏽鋼鍋盛滿1/3的水，放在爐上煮沸。將杏仁油、椰子油和蠟油放入玻璃碗中，再將玻璃碗放入不鏽鋼鍋內。慢慢的將它們溶解攪拌混合。

2 一邊持續添加甘油，一邊攪拌直到混合。

3 持續加熱，再將薰衣草精油也加入，直到所有材料完全混合。

4 將做好的護手霜盛入器皿內，兩個月內使用完畢。

技巧：乳霜法

蜂蜜燕麥磨砂皂

有時候香皂如果含精油或香精會刺激皮膚,所以在你的拿手好皂中,應該也不能少了對肌膚友善的香皂!燕麥提供去角質的觸感,蜂蜜有諸多功效。不只是因為它是防腐劑,而且還是保濕劑,可以讓香皂從空氣中獲得水分。這個香皂聞起來很棒,很像是夢裡的味道,不過不要傻了啦!

製作1.9公斤的香皂,你會需要:

基本成分
- 600公克橄欖籽油
- 300公克椰子油
- 300公克棕櫚油
- 375毫升過濾水
- 168公克氫氧化鈉

植物
- 60公克液體蜂蜜
- 100公克燕麥片

器材
- 磨咖啡豆機或攪拌器
- 基本的器材(請參考P.10製皂必備工具)

Tips　　我喜歡使用研磨機或攪拌器,研磨一半的燕麥片,摸起來觸感很好。這可以讓香皂摸起來很光滑,也保留住燕麥天然的紋理。

技巧:冷製法

1 秤量蜂蜜和已經磨好的燕麥，一同放入研磨機或攪拌機中，使它們變成粉末。之後再將所有的東西放入碗中。

2 根據基本的冷製法過程，在添加氫氧化鈉前，先將幾湯匙的油、蜂蜜及燕麥混合，產生蓬鬆的觸感。

3 當開始皂化之後，再繼續添加蜂蜜、燕麥和油。確認新增的部分也開始皂化。

4 將皂液倒入你選的模具之後蓋上蓋子（請參考P.20冷製法）。蜂蜜會隨著氣溫上升變熱，因此不需要過度保溫。之後放置到乾燥，脫皂之後再切割成自己想要的形狀（參考P.112冷製香皂的切割與成形）。

Tips
　　當使用任何粉末、黏土或是牛奶時，你需要放入一些油脂與它們混合，才能進行皂化。這項動作可以防止還沒有混合完成的植物不會有結塊，將一部分的油和黏土或粉末混合，才能產生一點蓬鬆的觸感。當開始皂化之後再添加其它的植物，繼續攪拌直到確認油和其它東西都已經充分混合，且已經完全皂化。

蜂蜜

由於蜂蜜的抗菌性及成分，使它成為數個世紀以來具療效的肌膚保養聖品。除了醫療及潤膚的效果，它本身還是保濕劑，因為它能夠吸取空氣中的水分，讓蜂蜜香皂擁有無與倫比的溫和清潔效果。蜂蜜與燕麥的組合，對敏感性肌膚來說特別好。

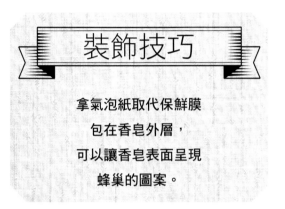

裝飾技巧

拿氣泡紙取代保鮮膜
包在香皂外層，
可以讓香皂表面呈現
蜂巢的圖案。

刮鬍救星

市售的刮鬍泡沫都有腐蝕性，會讓臉變得很乾。這個傳統的方法可以有效地刮除鬍子，又對皮膚溫和無害。在這個基本的製皂配方中，添加小量的蓖麻油會產生泡沫，也會讓皮膚變得光滑，讓刮刀可以平順滑行。將香皂放在器皿中，用圓形切割器切下圓形，旁邊可以再放上個刮鬍刷。

製作1.9公斤的香皂，你會需要：

基本成分
- 600公克橄欖籽油
- 300公克椰子油
- 300公克棕櫚油
- 75公克蓖麻油
- 390毫升過濾水
- 177公克氫氧化鈉

植物
- 60公克澎潤土
- 24公克金盞花油
- 30公克茶樹精油

器材
- 可以容納1.9公斤香皂的模具
- 深圓鋸齒狀的餅乾切割器
- 陶瓷器皿（要比你的切割器還大）
- 基本的器材（請參考P.10製皂必備工具）

技巧：冷製法

1 跟著基本的製皂步驟（請參考P.20冷製法），倒入將近120毫升的溫油，混合膨潤土，再將茶樹精油和金盞花油緩慢地混合，避免結塊。

2 當皂化完成之後，添加植物，讓兩者順利融合。將皂液倒入模具，並保持溫度（請參考P.20冷製法）。

3 當皂液乾燥之後，切成塊狀，使用餅乾切割器做出圓形的香皂（請參考P.112切割）。

4 將圓形的香皂放置大約6週讓它乾燥（請參考P.113固化），最後將香皂從盒中取出，使用刮鬍刷可以製造出可愛的泡沫。

Tips 割下來的剩餘香皂殘料，可以在後面製作皂球的配方時使用。

Tips 回收舊的水管，切下一段，將它磨平，變成圓形的模具。密封水管的底部，然後倒入皂液，再將最上面也密封，讓模具保持向上，然後冷凍，最後將香皂拿出，並去除上面的皂霜。

◆基本植物：膨潤土是一種綠色的火山泥，通常拿來做面膜，吸收油脂。金盞花油具有天然治療的效果，能舒緩過敏。茶樹精油有抗氧化的效果，也有抗菌性，這些特點加起來就是一個完美的刮鬍香皂了。

玫瑰邦特蛋糕皂

有著好聞香氣的玫瑰金盞花精油，配上粉紅泥土的色彩，這絕對是專屬於女性的蛋糕，是專門給新生兒或新手媽媽的派對禮物。使用滋養的玫瑰花蕾做裝飾，以及有著復古造型的蛋糕架，你將會感受前所未有的喜悅。

製作2.5公斤的蛋糕皂，你會需要：

基本成分

- 850公克橄欖籽油
- 425公克椰子油
- 425公克棕櫚油
- 530毫升過濾水
- 240公克氫氧化鈉

植物

- 85公克粉紅色泥土
- 40公克玫瑰金盞花香精油
- 10公克薰衣草香精油
- 10公克玫瑰草純精油
- 5公克香根草精油
- 裝飾用的玫瑰花蕾

器材

- 可以容納2.5公斤蛋糕皂的矽膠模具
- 圓餅錫盤
- 基本的器材（請參考P.10製皂必備工具）

技巧：冷製法

1 先將矽膠蛋糕模具用油潤滑（參考P.10設備及材料的段落），把它輕輕放在蛋糕盒中央，讓模具底部有東西可以支撐。

2 在防油紙中心切出圓形，並放在模具的上方。

3 秤量油脂倒入不鏽鋼鍋，並且和足夠的油混合，以確保能做出和粉紅泥土相容、無結塊的混合物。

4 跟著基礎製皂步驟（請看P.20冷製法）直到皂液已經初步皂化。此時加入粉紅色泥土混合，接著加入精油。持續攪拌直到能與油完全融合。

5 將皂液倒入模具，將未切割前的防油紙放在香皂表面，並且保持溫度（請看P.20冷製法）。

6 當香皂已經變硬冷卻時，將模具放在冰箱大約一小時，之後將蛋糕從模具中取出。

Tips ...... 如果你沒有正確尺寸大小的蛋糕錫盤，可以使用紙盒來支撐香皂；如果用自己的矽膠模具製作，做出來的香皂會比較鬆軟。

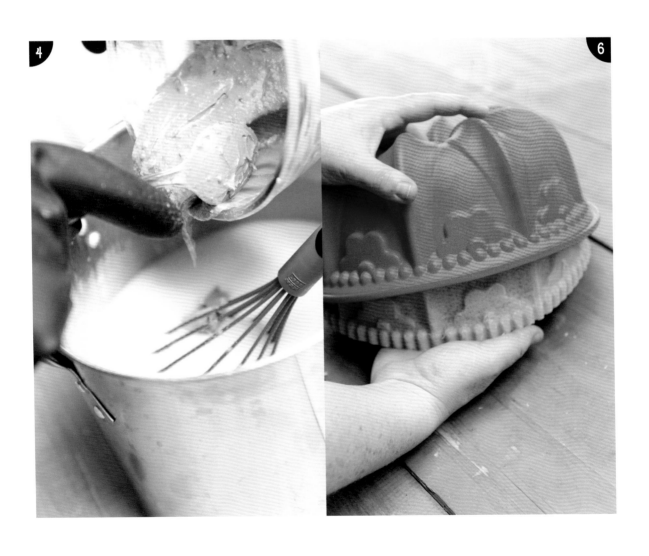

7 每一片都使用粉紅玫瑰花蕾裝飾。

8 將蛋糕放置24小時，之後再切割成等樣大小。

9 蛋糕乾燥之後，從模組中取出蛋糕，再放個4到6週（請參考P.113固化），讓空氣可以接觸這些蛋糕。

裝飾技巧

在特別場合裡，
將玫瑰邦特蛋糕皂放在復古架子上，
讓大家無法拒絕它的魅力！

薄荷磨砂皂

有時候，某些早晨需要能夠喚醒自己的薄荷香皂，激勵早晨的精神！帶著清新又有點刺痛感的薄荷，含有咖啡因的可可，和具備去角質效果的浮石，喚醒你所有的知覺，這種強烈的薄荷氣味有點類似男人的味道。

製作1.8公斤的香皂，你會需要：

基本成分

- 600公克橄欖籽油
- 300公克椰子油
- 300公克棕櫚油
- 375毫升過濾水
- 168公克氫氧化鈉

植物

- 24公克薄荷香精油
- 30公克可可粉
- 30公克浮石粉

器材

- 可以容納1.8公斤香皂的模具
- 基本的器材（請參考製皂所需器材）

技巧：冷製法

1 跟著基礎製造步驟（請看P.20冷製法），使用大約90-120毫升溫熱的油去攪拌可可粉、浮石和薄荷油，混合時一定要避免產生結塊的現象。

2 當皂化完成時，加入植物，直到它們融合。

3 將皂液倒入模具並且保持溫度（請看P.20冷製法）。

4 將香皂放置到乾燥，當它可以脫皂時立刻切成塊，它會散發出質樸的光潔效果（請參考P.112冷製香皂的切割與成形）。

浮石

浮石具有溫和去角質的效果，因此在製皂過程中被廣泛使用，它是由火山岩而來，所以就很像石頭摩擦皮膚的感覺。岩石被研磨成粉，添加入香皂時，就有去角質的功用，不過對身體來說是相當溫和的。

可可粉

可可粉通常用於烹飪，不過也通常用於冷製法製作的香皂，它就像是天然染料一樣。因為本身富含營養，又是棕色，加上微妙的香氣，有點像是香草的香味，提供了一種草根的香味和調性。

鳳梨可樂達酒皂

如果你很喜歡喝果汁加萊姆酒，你應該會喜歡這個有趣又有多層次水果感覺的香皂！鳳梨和椰子油的香氣混合成令人無法抗拒的味道，讓人不自禁地想去海邊度個慵懶的假期。這裡將配方分成兩個組合，你可以自己選擇顏色和香氣，都能產生令人驚奇的效果。

製作1.8公斤的香皂，你會需要：

基本成分

- 300公克橄欖籽油
- 150公克椰子油
- 150公克棕櫚油
- 187毫升水
- 84公克氫氧化鈉

植物

組合1：

- 5毫升紅木黃天然染料
- 6公克鳳梨香料

組合2：

- 12公克椰子香料
- 30公克椰蓉

器材

- 可以容納1.8公斤香皂的模具
- 基本的器材（請參考製皂所需器材）

技巧：冷製法

1 分別為兩個組合小心量出油和水的分量。

2 根據基本製造步驟做完組合一（請看P.20冷製法）。皂化時加入紅木黃染料和鳳梨香料。

3 將一半的皂液倒入模具，並妥善保持溫度（請看P.20冷製法）。

4 快速製作組合二，皂化時添加椰子香料，以及椰蓉。

5 組合一不要蓋上，將組合二迅速倒在組合一上，直到完全填滿模具。最後將保鮮膜覆蓋上皂液，妥善保持溫度。

6 脫皂之後，切成塊或片。

◆**基本療效**：椰蓉是一種溫合的去角質成分，有兩種層次的觸感：一面是平滑的，另一面是去角質的。這完全取決於你需要哪一種療效。

Tips
　　在做比較小塊的香皂時，記住每一樣材料都要秤重，溫度要設定得高一點以避免失溫和結塊的問題。在做完組合一之後，攪拌油再加入氫氧化鈉，以製作組合二，但最多只能做15分鐘，你就要迅速完成以避免失溫。

裝飾技巧

這是一個有著甜甜熱帶風的香皂，
記得用玻璃紙包裝。

根據你使用的模具，之後再放置四到六週固化（請看切割與固化）。

卡斯帝亞橄欖皂

傳統的卡斯帝亞香皂通常是由百分百的橄欖油製成,所以需要比較長的時間皂化及乾燥。如果你不太想要用棕櫚油,想要用自己計畫的配方,這裡有以大量橄欖籽油為主的配方,另外加了蜂蠟及可可脂,也能製作出同樣硬度又富有香氣的香皂。

製作2公斤的香皂,你會需要:

基本成分

- 1公斤橄欖籽油
- 200公克椰子油
- 150公克可可脂
- 50公克蜂蠟
- 400毫升過濾水
- 184公克氫氧化鈉

器材

- 可以容納2公斤香皂的模具
- 皂章(任選)
- 攪拌器(任選)
- 基本的器材(請參考P.10製皂必備工具)

Tips 這個香皂要花很多時間皂化,所以你會需要攪拌器(請看P.122進階技巧)。

技巧:冷製法

1 根據基本製皂步驟（請看P.20冷製法），確認維持高溫，使蜂蠟可以在不鏽鋼鍋裡凝固。如果有需要可以使用攪拌器（請看P.122進階技巧）。

2 將皂液小心倒入模具並且妥善保溫（請看P.20冷製法）。

3 脫皂之後，切成可愛的四方形形狀，有需要的話蓋上皂章。

◆**基本療效**：蜂蠟的熔點比其它的油高；因此需要比較高的溫度，並且要使它一直維持在同樣高溫。

Tips　橄欖油含量比較高的香皂會比較軟，所以需要放至四到六週乾燥。

◀卡斯帝亞香皂

　　卡斯帝亞香皂起源於西班牙的卡斯帝亞區，但卻是在義大利和法國製造，所以關於它的起源可能還是個謎。簡單來說，它就是一種用植物油做的香皂，而不是像在英國和法國有些地區，用粗糙牛油做成的香皂。通常它是由純橄欖油所製成，這種香皂通常需要花比較久的時間皂化和變硬。幾個世紀以來，它通常是很好的洗衣皂，對皮膚也很好。傳統上，它往往是綠色方塊的造型，如果和混合油相比，產生的泡沫比較少。

山羊乳薰衣草天然皂

山羊乳富含維他命，對皮膚來說具有滋養及潤滑的效果。結合了鎮靜、防腐及天然薰衣草香精油的味道，這是一款絕佳溫和又滑順的皂款，能為乾燥及疲勞肌膚帶來最好的治療。在製皂時，有許多種使用羊乳的方式，你可以在配方中以羊乳取代水，或者在皂化時直接添加粉狀的山羊乳作為草本療效。

製作1.8公斤的香皂，你會需要：

基本成分

- 600公克橄欖籽油
- 300公克椰子油
- 300公克棕櫚油
- 375毫升過濾水
- 168公克氫氧化鈉

植物

- 100公克山羊奶粉
- 40公克薰衣草香精油

器材

- 可以容納1.8公斤香皂的模具
- 基本的器材（請參考製皂所需器材）

技巧：冷製法

1 根據基本製皂步驟（請看冷製法），記得最多使用120毫升的溫熱油，混合山羊奶粉及薰衣草精油，產生膨鬆的效果，避免結塊。

2 皂化時，添加植物，然後將皂液倒入模具中。

3 入模保溫（請參考P.20冷製法），置放等它乾燥。脫皂之後，切成自己喜歡的大小（請參考P.112冷製香皂的切割與成形）。

Tips　牛奶類的香皂通常顏色會變得比較深，因為畢竟是燃煮製成的產品，如果想要顏色變得淺一點就降低溫度，減少保溫的程度，不過這必須在你已經很熟練的前提下進行。

◀ 山羊乳

　　山羊乳是製皂中一種很棒的成分，富含維他命A、C、E還有B，以及氨基酸、檸檬酸、酶、不飽和脂肪酸和鋅。

　　山羊乳香皂也富含乳酸及果酸，一般來說可以讓肌膚重生。果酸也可以幫助死去的皮膚細胞再度重生，讓光滑的觸感重回皮膚表面。

草莓香氛皂

這是在融化再製法中最有特色的香皂，它可以做得很小又有造型，達到冷製法難以達到的目標。這個簡單配方，是個有水果、草莓香氣的香皂，是個充滿樂趣的禮物，而且會啟發大家的靈感。罌粟種子為香皂添加了魅力，就像重現了草莓種子的觸感一樣。

製作200公克的香皂，你會需要：

基本成分

- 200公克熔體和可以倒入皂液的模具
- 用來發泡的酒精

植物

- 1.25毫升紅色染料及對應的水15毫升
- 4公克草莓香料
- 3公克罌粟種子

器材

- 草莓香皂模具
- 基本的器材（請參考P.10製作香皂的必備工具）

技巧：融化再製法

1 根據基本製皂步驟（請看P.24融化再製法），當香皂已經融化時，記得添加香料，並請添加染劑，直到達到自己想要的顏色。

2 將罌粟種子放入皂液，直到你滿意它的樣子。

3 將皂液倒入草莓矽膠模具中，接著計算所需水量，然後再倒滿模具。發泡時加入一點酒精，以避免結塊。

4 冷卻之後趕快脫皂（請看P.112脫皂）。

◆基本療效：罌粟種子不只為香皂增添魅力，它還有去角質的功用。

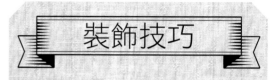

裝飾技巧

草莓口味的甜香皂是給小朋友的最好禮物，將它們從綁上緞帶的玻璃紙中拿出，就能成為獨一無二的禮物。

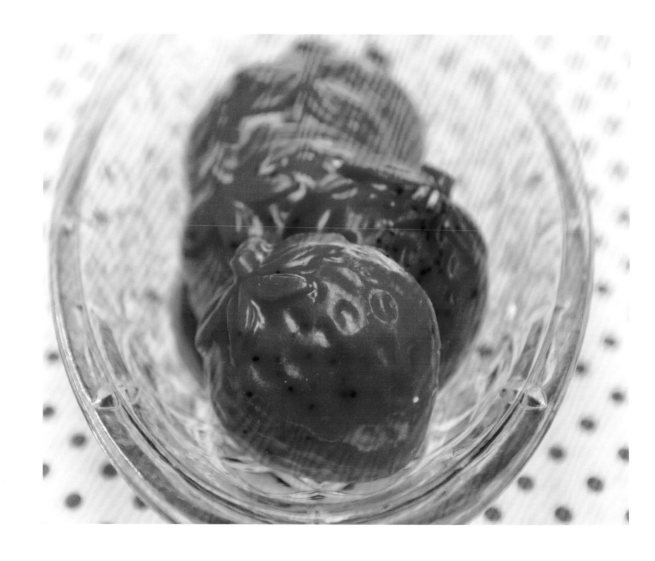

Part 2
和孩子一起玩皂趣

對成人來說，冷製法的製皂方式已經很普遍，但基於健康和安全，我們鼓勵小孩也學會如何製造屬於自己的香皂、沐浴球或其他產品。在這個段落裡的香皂專門為孩童設計，成人必須在一旁陪伴及監督。這些配方都很有趣，也都是天然又安全的成分，不管是在家用或是拿來送禮都很好。我五歲的女兒最喜歡做她自己的沐浴球，然後一邊泡澡一邊玩，對年紀大一點的小孩來說就像開一場派對一樣，所以大家都玩得很開心，對於做出來的成品也非常自豪。

繽紛創意皂球

製皂時常有很多剩下的香皂料，或是地上散落零星的碎料。將它們再利用做成草藥球，可以做為裝飾品或是放入袋子裡變成禮物。小朋友喜歡做這些比較濕軟的香皂，加上彩色染料、花瓣還有亮亮的裝飾物。大人應該感激這款香皂的發明，因為小朋友一定會不能自拔的愛上它們！

製作300公克的香皂，你會需要：

基本成分
- 已經皂化的香皂原料最多300公克
- 燕麥
- 煥膚霜(任選)

植物
- 混合的草藥
- 薰衣草花蕾
- 玫瑰花瓣
- 螺旋藻粉
- 肉桂粉

器材
- 起士刨刀
- 碗
- 蛋盒

技巧：回收法

1 將已經固化的香皂刨入碗裡，大約75公克。

2 將你選好的植物倒入碗內，和這些刨好的香皂一起壓成一顆顆的球狀，變成一顆顆的香皂球。

3 決定好需要的數量，並將香皂球放進選好的包裝中。當每顆球成形後，就可以放進蛋盒中讓它們慢慢乾燥。

◆基本植物：如果想添加香氣，可以加入2.5毫升的精油。精油可能會有些刺激，因此記得務必戴上醫療用的手套。

Tips
　　如果沒有加入植物，香皂球會很黏。雙手沾濕不停地揉轉球，會使球的表面也變濕。

裝飾技巧

如果要製作大方的禮物，
可以將這些香皂球放進玻璃紙袋，
再打上可愛的緞帶。

花草香氛垂掛皂球

記得手工香皂需要乾燥,這非常重要,不然有可能會變成一坨粥!如果香皂上有皂脊是很好的,但也可以嘗試使用剩下的材料做成可以垂吊在繩子上的皂球。我很喜歡這個形式,雖然別人可能不需要用香皂洗手,但這樣可以讓香氣在空氣中循環,而且對小朋友來說,可以親手製作並且點綴裝飾也很棒。

製作300公克的香皂,你會需要:

基本成分
- 固化香皂的碎料或是整塊香皂,最多一球不超過300公克

植物
- 為了裝飾而用的乾燥植物或是花瓣(任選)

器材
- 繩子或是堅固的麻繩
- 碗
- 起士刨刀
- 砧板

技巧:回收法

1 蒐集固化的香皂碎料放至碗裡。

2 將麻繩對折,或是底端綁起來。讓麻繩看起來很像圓環。

3 繩子上打結,將碎料集合在繩結上,不停搓揉讓碎料捏成圓形,一直到你滿意的形狀為止。

4 如果想要的話,也可以用植物或是花瓣裝飾這顆球,當然也可以把它壓平一點。

5 將香皂掛在溫暖又乾燥的地方,過幾週後就可以使用了。

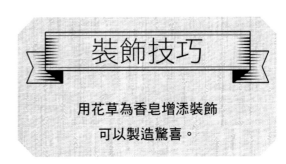

Tips 如果把香皂黏在繩子上有困難,可以加一點水之後再持續添加香皂碎料。

裝飾技巧

用花草為香皂增添裝飾
可以製造驚喜。

歡樂沐浴皂球

如果你的小孩不太願意靠近任何和香皂有關的地方，這個玩具造型的香皂可以讓他們有意願想要一直洗，一直洗，一直洗！任何適齡玩具都可以和香皂結合，讓小朋友這幾週都充滿歡樂。當個對色彩和光亮著迷的大粉絲吧！我們把做香皂變有趣了！

製作200公克的香皂，你會需要：

基本成分
- 200公克的熔體
- 10至15滴的藍色食用染料
- 對肌膚比較安全的亮片（香皂供應商通常都有）
- 外用酒精噴霧

植物
- 4公克藍莓香料

器材
- 可以裝大約200公克香皂的矩形香皂模具或塑膠盒
- 微波爐或是爐子
- 小的玩具

技巧：融化再製法

1 把香皂放入微波爐中融化，大約加熱30秒。或是放在爐子上，最高到120度，一定要確認沒有加熱過頭。

2 添入香料及對肌膚無害的亮粉，再滴入食用染料，直到變成你滿意的顏色為止。

3 將玩具噴上酒精後放進模具裡。

4 把皂液倒進模具，直到整個玩具浸在皂液中，酒精可以驅散泡泡。

5 讓香皂冷卻4-5個小時之後脫模，就可以開始使用了。

◆**基本植物**：向信譽良好的供應商購買對肌膚無害的亮粉，而不是去買手工的亮粉，因為有一些可能太過刺激。

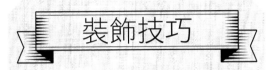

裝飾技巧

如果想要把這個香皂也綁在繩子上，
記得在模具裡的熔體香皂底部
打上一個比較鬆的結，
當香皂慢慢乾燥變硬之後，
繩結就會固定住了。

沐浴炸彈球

很多年前我還很小的時候,買了沐浴炸彈球,它們在我的房間裡閃閃發亮又充滿香氣。記得有一天我做了屬於自己的沐浴球,就再也回不去了!有著大量的香氣、植物成分,不需要太艱難的技術,很適合小孩玩,就像是做給自己獨一無二的手工禮物一樣。

最後做出的數量取決於模具大小,
你會需要:

基本成分

- 450公克的碳酸氫鈉(蘇打粉)
- 225公克的檸檬酸
- 用來產生冒泡效果的過濾水

植物

- 10滴玫瑰天竺葵精油
- 5滴薰衣草精油
- 手剝的玫瑰花瓣
- 10公克的可可奶油片

器材

- 好的噴霧罐
- 塑膠模具或冰塊盤
- 量杯

技巧:沐浴炸彈球

Tips 你可以買特別的模具來製作這個傳統的圓形沐浴炸彈球。但也不是一定要買,矽膠蛋糕模具、冰塊盒甚至是蛋盒,都可以是很好的替代品。

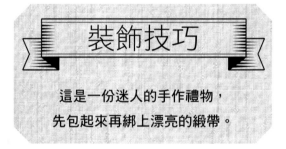

裝飾技巧

這是一份迷人的手作禮物,
先包起來再綁上漂亮的緞帶。

1 將檸檬酸和碳酸氫鈉在碗裡混合,記得兩者的比例是2：1。

2 滴入幾滴玫瑰天竺葵精油和薰衣草精油,均勻攪拌,不要讓它們變成一坨一坨的。

3 將一些可可奶油片切成屑屑狀,再加入玫瑰花瓣,攪拌均勻。

4 用裝滿水的噴霧罐噴步驟3大概2至3次,快速攪拌。噴水時,如果混合物發出嘶嘶的聲音,只要好好攪拌,嘶嘶聲不久之後就會停了。重複噴霧和攪拌,直到它們混合後,就可以在手裡輕易捏擠。

5 將它們填滿模具然後包裝,靜置一個晚上,最好放在溫暖的地方。

◆**基本植物:**當你將香皂填入這些模具時,它們會開始變得乾燥,噴一些水在上面,讓它再次變得濕潤。如果太濕就增加額外的碳酸氫鈉和檸檬酸,以2比1的比例,記得攪拌均勻。

Part 3
無毒的自然生活

在洗潔劑發明之前,香皂用來洗臉、身體、頭髮、衣服、碗盤
和各種用品,但現在所有香皂都被洗潔劑取代了。我們常常對
於洗潔劑的化學成分感到存疑,思考這些物品對我們的損害。
不只是對身體,甚至對整個世界都產生傷害。塑膠溢滿海洋陸
地,漏出的化學物品進入水系統,影響大眾。這也因此啟發了
我想要開始製作自己的香皂。當你開始蒐集基本製作配方,製
造屬於自己的清潔用品、洗碗片和洗髮精時,你會發現全部製
作成本的價格比市售商品便宜,而且你可以重複使用避免浪費。
就像製作出自己的手工皂一樣,在這個段落我們可以做出不同
種類的產品。

No. 17
迷迭香潤澤洗髮皂

其實所有的手工皂都能用來洗髮，但因為蓖麻油和荷荷芭油的成分對於清洗頭髮和頭皮特別良好，所以只要調整好配方的脂肪含量，就可以讓洗髮皂適用於不同髮質（比較油的頭髮就減少多餘油脂，比較乾的頭髮就增加油脂）。

製作1.3公斤的洗髮皂，你會需要：

基本成分
- 450公克橄欖籽油
- 200公克椰子油
- 200公克棕櫚油
- 75公克蓖麻油
- 50公克荷荷芭油
- 260毫升過濾水
- 130公克氫氧化鈉

植物
- 8公克迷迭香精油
- 16公克薰衣草精油

器材
- 可以容納1.3公斤香皂的模具
- 基本的器材（請參考P.10製皂所需器材）

1 參考基本製皂配方（請看P.20冷製法的段落）

Tips 利用帶有香味的醋清洗頭髮，可以讓你的頭髮更滑順，並慢慢恢復頭髮的酸鹼度（參考草本香料醋）。

蓖麻油

蓖麻油是一種從蓖麻籽提煉而來的油，充滿酸度，容易被皮膚吸收並且潤滑肌膚。通常用來作成洗髮皂，因為它能夠吸取空氣中的溼度，富含泡沫。它經常被使用在熱油治療，因為一般人的頭普遍都太油了。

技巧：冷製法

手作橙香多用醋方

人們會使用香皂，主要是因為香皂遇到水會產生泡沫，而在醋身上也有同樣的效果。好幾世紀以來，醋都被用來治療傷口，做為一種被減少傳染的私房藥。

手作橙醋聞起來很香，很容易製作，可以用來清洗碗盤，或是放在洗碗機裡作為清潔劑。如果你有很多顆橘子，剛好可以用上這個配方，把一半的橘子都放進去罐子裡，再慢慢使用。

製作1至2公升的橙醋，你會需要：

基本成分

- 1至2公升的白醋
- 12至15片壓過的香吉士（先切一半，另一半拿來擠壓）

器材

- 大的密封罐

1 先將一半的香吉士放入罐子，再加入白醋浸滿，之後再將剩下的香吉士放入。你也可以添加更多的白醋直到完全把它們浸滿。

2 擱置一旁，置放3至4週。平常把罐子關緊，如果要用在其他用途時，可以拿出來稀釋使用。

技巧：回收法

草本香料醋

手作香皂可以取代腐蝕性強的洗髮精，無論對頭皮還是頭髮都很棒。使用完肥皂之後再使用醋，可以溫和毛髮，恢復酸性。我曾使用香皂和醋洗頭，如果你習慣如此使用，就會感覺到兩者之間的不同，不是因為哪個比較便宜的不同。你可以製作自己的草本香料醋，將它增加為自己的清潔用品選項之一。

製作1公升的草本醋，你會需要：

基本成分
- 1公升的蘋果醋

器材
- 大的密封罐

植物
- 50公克的薰衣草蒂
- 50公克的玫瑰花瓣
- 50公克或任何乾燥的草藥（任選）

技巧：回收法

1 將蘋果醋倒進大罐子中，再放入三分之一滿的薰衣草蒂、玫瑰花瓣或任何你想用的新鮮或乾燥的香草。

2 將醋放在充滿陽光的溫暖地方3個星期。

3 將香草過濾出。或者也可以再次倒入醋以萃取更濃的汁液，當然也可以過濾完香草後即可。

利用醋完成清洗

一旦將醋放進去之後，可以放在浴室作為清潔用品，只要倒一點點的醋到罐子裡，再加入一點溫水。也可以滴幾滴精油增加香氣，但是醋的味道就會消失了。如果倒在頭上，按摩頭髮和頭皮，只要幾分鐘就能洗淨。記得閉上眼睛避免刺激。並小心注意你的腳步，因為醋會讓浴室變得有點滑！

清透蘇打洗衣粉

如果你發現你像我一樣，身邊有太多香皂了，其實有許多點子可以將它們改造。試著拿來做出屬於你的洗衣粉，可以省錢，減少包裝，降低對環境的傷害。這裡介紹很簡單的配方，可以大量製造，然後儲存等待乾燥就能使用了！

製作400公克的洗衣粉，你會需要：

基本成分
- 200公克的香皂
- 100公克的硼砂替代品
- 100公克的洗淨蘇打粉

植物
- 20滴的薰衣草精油

器材
- 碗
- 起士刨刀
- 咖啡研磨機或食物處理器
- 大的罐子或收納罐

◆**基本配方**：使用一湯匙的醋和一些香精油，去除水垢或皂垢，如此完成清潔的循環。

Tips
利用一湯匙洗衣粉的分量為基準，再來斟酌要多量還是少量。

技巧：回收法

1 將香皂刨到碗裡，讓香皂變成小片小片的。將刨好的香皂晾乾，大概需要幾天的時間，也可以使用研磨器或處理器，讓它變得更小片。

2 添加其他乾燥的成分和精油。攪拌均勻直到完全結合。

3 放在罐子裡的洗衣粉，看起來更為清澈。

多用途清潔噴霧

許多居家清潔用品都具有強烈腐蝕性，有時家裡根本不需要這麼多清潔噴霧，此外這些用品還十分昂貴，且清潔用品的包裝對環境有害，通常都含有腐蝕性化學劑。我製造自己的清潔用品已經十年，即使在製作時必須加入精油，但在這期間，我覺得靠自己製作的用品比較能達到效果，也比較便宜。這是一個一般大眾都可以使用的簡單清潔配方，如果你想要效果強一點，可以再自己調配比例。

製造能夠注滿一個瓶子的清潔噴霧，
你會需要：

基本成分
- 10公克的磨碎香皂
- 5公克的小蘇打粉（烹飪用的小蘇打）
- 熱的過濾水

植物
- 20滴的茶樹精油

器材
- 噴霧瓶
- 起士刨刀
- 漏斗
- 湯匙

◆**基本植物**：這個噴霧中所有需要用到的成分，
對家裡的小孩和寵物來說都很安全，比在市面上買的噴霧劑好多了。

技巧：回收法

1 將磨碎的香皂倒入噴霧瓶中，接著透過漏斗加入小蘇打粉、茶樹精油和熱水。

2 緩慢搖晃，使香皂和小蘇打粉能夠溶解，一旦溶解了，噴霧就成功了！

Tips
記得每次使用前都要搖一下。

雪球洗碗皂片

有天在做沐浴炸彈球的時候，我想到這些材料也能做成清洗洗碗機的皂片。可以先大量製造，等到有需要時再使用。皂片主要由洗碗用的鹽和檸檬酸製成，可以去除殘渣，也可以讓眼鏡保持乾淨，這個產品可以完美達到清洗物品的效果。

製作475公克的洗碗皂片，你會需要：

基本成分

- 25公克香皂（已經熟成且乾燥）
- 115公克檸檬酸
- 225公克蘇打粉
- 115公克瀉鹽
- 過濾水（用來起泡）

植物

- 15滴檸檬香精油

器材

- 起士刨刀
- 碗
- 湯匙
- 塑膠冰塊盤

1 按照製作沐浴球的步驟（請參考P.92碳酸沐浴皂球）使用上面所有列出的成分。

2 將所有混合物放入冰塊盤中，置放24小時等其變乾。

3 取下這些皂片塊體，放入密封罐內，有需要再取出。

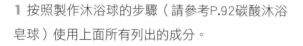

技巧：沐浴球炸彈

Tips 一片皂片和手工橙醋的比例是50：50（請參考P.100橙醋的部分），有需要的話，可以加入水一起協助清洗機器。

—冷製香皂的切割與成形—

當你用冷製法做出香皂時，一定很渴望能趕快用到它！這當然是可以理解的心情，但在切割和固化前，務必先觀察一下，如果要得到比較安全的結果，通常需要6個星期。

◀ 脫模

香皂冷卻後，可以把模具上的隔離紙取下。如果是使用矽膠或紙做的模具，可以直接拿下來。如果顯示還不夠硬，可以放進冰箱內幾小時，之後再取出香皂。如果你直接將皂液倒入塑膠模具，在取出香皂前，需要冷凍至少八個小時，將香皂放在防油紙上退冰，記得一定要戴著手套處理。

◀ 切皂

香皂脫模後，可以開始切割並且等待固化。這個階段一定要記得戴手套，因為有些地方可能會有腐蝕性。你可以使用很大的刀子或是切乳酪器，將它切成塊狀等待乾燥，越快切完，香皂就做得越好。

脫模之後的香皂，切起來很安全也很容易，是切皂的絕佳時機，你可以用切餅乾的刀具，或是任何你喜歡的皂章蓋上去（請參看P.117蓋印章的段落）。香皂放置幾週後，如果沒有切，就會變得很硬很乾，切的時候會碎掉。

◀ 固化

　　香皂切好後需要找個地方晾乾，而且是要溫暖的地方，方便6個禮拜之後可以固化。有兩個理由一定要等待固化：一，固化期間可以確保氫氧化鈉已經中和。第二是因為香皂固化時間越長，皂塊就可以變得更硬。固化時，水分會蒸發，體積會縮小10%，使肥皂能用得更久。

　　香皂在擺放時一定要保持距離，才能完全和空氣循環，放置在陰涼處也可以和空氣盡量接觸。潮濕、陰冷的情況對香皂塊不是個理想環境，因為無法變硬，且表面會常冒水，摸起來黏黏的。不建議將香皂儲存在塑膠盒內，這樣會讓香皂無法乾燥。

◀酸鹼值測試

請永遠記住要測試酸鹼值，才能安全使用。因此要先削一些香皂，放進水裡，再滴一些到試紙上，酸鹼度應該是10或者更低，大部分都會落再8和9之間，如果超過10，再放幾週等它固化，然後再測一次。

◀果凍效應

普遍來說，如果香皂是在高溫情況下製成，而且做好溫度保持，它會經過一種反應的過程，這個過程就叫做果凍效應。果凍效應就是不管香皂溫度多少度，香皂中間都會熔化成一種半透明的樣子。如果這種情況發生，就會加速皂化的過程，縮短固化的時間。如果你的香皂邊緣產生果凍效應，記得酸鹼度要低於10才能從模具中取出。

有時候效應不完全，你可以看出顏色中央和邊緣有哪裡不同。產生果凍效應的部分顏色會比較深，在它的邊緣外面的顏色會比較淺，為了安全起見建議都要擺上六週固化，因為才能確保所有香皂都已經完全皂化了，且已經變硬能夠使用。測試時可能酸鹼度高於10（通常試紙會呈現紫色）。通常如果再過幾週後再度測試酸鹼值，就能低於10了，那時就已經完全皂化完畢。

使用香皂盤

　　許多人會買手工皂，但又擔心它是否會變軟，不過和市售香皂比起來，手工皂可以持續使用比較長的時間。手工皂需要空氣常伴左右，好讓它使用完之後可以迅速變乾，買一個很好的香皂盤子，底下放一些鹽，可以讓這塊香皂用得更久，也可以比較硬。除此之外，在一塊復古的香皂上綁上繩子（參考P.84花草香氛垂掛皂球），能確保空氣流通。

一手工皂的裝飾與包裝一

有多種方式可以將手工皂客製化或包裝，做成一份禮物、婚禮禮物或是販售。如果販賣手工皂是你個人的創業，就需要尋找法律上的專業意見，因為在賣手工皂前，必須搞懂嚴格的法律。你可以在Pinterest網站上得到很多啟發，那裡有許多製皂者貼上自己設計的裝飾或包裝圖案。但要小心，不要複製到別人的圖案，這涉及智慧財產權。你可以從中獲得靈感，但要創造屬於你自己的獨特發明。

◀ 與植物結合

　　如果你想把玫瑰花苞、丁香或是其他配方妝點入皂，例如貝殼或是石頭，在切割香皂之後就要立即開始。剛開始切好的時候，香皂還很軟，還有延展性，所以當裝飾物嵌入之後，就會一起隨著香皂快速乾固。

◀蓋皂章

這個階段你可以使用橡皮章或是壓克力章，一般來說皂章上都會有標語或是主題，例如「手作」字樣的皂章就可以從香皂供應商那邊買到。除此之外，你也可以設計屬於自己的橡皮或是壓克力章，上面可以有自己想要說的話或原始商標，網路上都有廠商可以協助製作。

橡皮章

橡皮章可以呈現出輕柔的外觀，如果香皂切割完之後還是軟的，可以立刻蓋上去。使用橡皮章記得一定要蓋在你想要蓋的地方，然後用橡膠槌敲一下。這需要練習，不過一旦熟練之後就可以蓋出專業又可愛的效果。

壓克力章

壓克力章比較硬，所以必須等香皂再乾固一點之後才能蓋上去，大約需要兩週的時間。如果皂章的圖案比較簡單，兩週綽綽有餘，如果是比較複雜一點的，可以等待長一點的時間。直接在想要蓋上皂章的地方輕壓就可以了。這類型的皂章會產生較深的壓印，很適合蓋上品牌章。

◀ 包裝

當你的手工皂變硬而且熟成，你可以開始思考如何為手工皂增添一點裝飾和包裝作為禮物。因為手工皂需要透氣，所以不建議用塑膠或玻璃紙包裝，這會使手工皂體出汗。如果要做禮品包裝，可以用防油（蠟）紙和布包覆住整塊手工皂，或是局部包裝，可以讓手工皂透氣。我發現用冷熔膠槍是最容易在皂體上面封印的方式，可以迅速完成。

1. 防油（蠟）紙、緞帶和標籤上的手寫賀詞：最質樸又有手感的樣式。

2. 牛皮紙和緞帶：簡單優雅的樣式。

3. 剩餘布料，或有印花的布料：簡單有型的樣式。

4. 防油紙、緞帶和碎花條：和任何顏色、樣式的皂章都很搭。

5. 金色色紙、綠色麻繩和蠟印：完美的時尚禮物包裝，加上屬於你自己的印記。

6. 簡單的緞帶包裝：可以讓香皂的香氣四溢。

7. 玫瑰花苞和緞帶：當香皂還是軟的時候放上玫瑰花苞，配上適合的緞帶。

8. 禮品包裝：漂亮的禮品包裝可以讓香氣散出，看起來很棒。

9. 桑皮紙、緞帶和薰衣草枝：選擇不同顏色的貴氣紙張，在緞帶裡插上自己喜歡的薰衣草枝、迷迭香或石楠。

10. 防油紙、麻線和蠟印：可以有兩種不同大小。

—排除障礙—

一般來說冷製法或是融化再製法，都是比較簡單的製作方式，如果你按照步驟製作應該不會有問題。不過即便如我們已經製造出許多香皂了，還是會犯一些錯誤，以下列出些案例，以及如何解決這些問題的方法。

▶問題1：只有部分產生果凍效應，或是完全沒有果凍效應

　　會產生這個問題，主要是因為失溫及不適當的攪拌。如果你需要攪拌很長的時間，一定會失溫，便產生只有部分果凍效應或根本沒有果凍效應的結果。這個問題往往出現在開始幾週，直到香皂開始固化以及完全皂化為止。只要你發現皂化的過程超過20分鐘以上，可以試著使用攪拌器（參考P.122進階技巧），加速製作過程以減少溫度流失。

問題2：沒有皂化

　　這往往因為失溫或者是沒有效率的攪拌，為了避免這個結果，確認你所有的步驟可以快速完成，再嘗試重新攪拌（參考P.122進階技巧），並減少溫度流失。

▶問題3：香皂上面出現白色的漩渦

　　有時候你會發現香皂表面出現白色的漩渦，如果拿試紙測試，這些漩渦通常有腐蝕性，而其他地方的酸度大約是8至9。會產生這個結果通常是因為香皂還沒有皂化就倒進模具裡（通常發生在攪拌鍋的底部邊緣部分）。如果要修補這個問題，你要確認皂液已經充分攪拌了，特別是鍋底的地方。

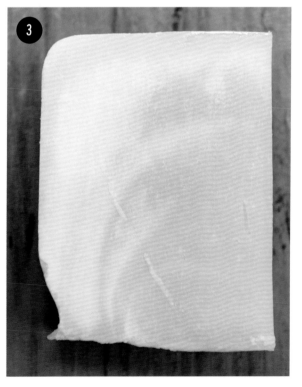

問題4：香皂表面出現油

如果香皂表面或側面出現薄薄的一層油，你可以擦掉，像之前一樣切割並等待香皂固化，再用試紙測試酸鹼。如果只是薄薄一層不會影響酸鹼值，因為配方中可以允許至少有6%的油脂出現。但如果香皂上有很多的油，就要丟棄了，因為它會充滿腐蝕性。你可以在網路上查詢重新配置香皂的成分，不過這對於腐蝕性比較強的香皂，並不建議這麼做。

問題5：裝香皂的袋子流出腐蝕性液體

當你切完香皂，裝入小或大的包裝後，如果流出腐蝕性液體，此時就要將這些香皂丟掉。假設這些液體低於酸鹼值10或更低，它們可能就是油或是水，可以蒐集起來之後再重新利用。

▶問題6：儘管酸鹼度良好，但香皂出現裂縫或斷裂

當按壓這些好像已經完成的香皂塊時，如果香皂沒有產生果凍效應就會出現裂縫，通常是因為溫度流失。為了避免這種情況最好用電動攪拌器（請看P.122進階技巧），重新提供測量的溫度。

問題7：香皂表面出現一層白色皂粉

如果測量過酸鹼值過關，這通常是一種表面的化學反應，可以擦掉，讓它變得跟一般香皂一樣。為了避免這種情況，可以在膜具表面蓋上保鮮膜(玻璃紙)或是塑膠。

◀問題8：香皂在平底鍋中加熱（偏熱製法的皂款。依個人手法習慣而定）

這通常稱作等待熟成。如果皂液不夠濃稠時，你有機會在倒入模具前修正。比方可以加熱，或是添加精油或香料，例如丁香(可以加速皂化)。修正後把皂液倒入模具中，就能好好切割、產生果凍效應和固化。它可能看起來會有些凹凸不平，有點土，但是很好用。若要避免凹凸不平的情況，可以用橄欖籽油取代，減緩皂化的速度，有更充分的時間等待熟成，記得香料必須在皂液輕微皂化時就要加入。

—進階技巧—

如果這本書教的技巧你已經非常熟稔，就可以開始製作進階版的香皂，
以下列了幾個進階的技巧和配方。

◀ 使用攪拌棒

　　製皂過程時最大問題就是失溫以及無效率地不停攪拌。如果你已經花了20分鐘還在不停攪拌，皂液就很容易失溫，在前個段落已經描述過會發生的各種不同結果。在此階段，假設你認為你的攪拌技巧非常熟稔，你可以換成電動攪拌棒。攪拌器通常用於製作大量的香皂，因此攪拌帚往往不被考慮，但如果你是使用小型的不鏽鋼鍋，鍋子的深度剛好適合電動攪拌棒，而且會比較有效率。

　　電動攪拌棒可以減緩失溫的速度，它的速度剛好可以配合。最好的方式是大約電動攪拌五秒，如此可以確保都有拌勻。

◀ 精油

　　當你嘗試倒入精油混合時，建議你選兩到三種你喜歡的精油，然後先將每種滴在紙上試味道，如果你還想要更多種油，就先將它們相繼混合在一起。記住每一種油的比例，讓你可以算出哪一種最適合你的香皂。

　　一般來說，家庭手工製造的香皂，我建議最多混入3%的精油和香料作為基礎油，剩下的就是氫氧化鈉。例如假設你有1.2公斤的基底油，170公克的氫氧化鈉，每一種精油就需要41公克，或者是組合起來的精油總共41公克。

◀ 超脂

　　在這本書中的冷製法配方中，超脂的配方大約是6%，不過你也可以調高到8%，超脂可以讓香皂更滑潤。但是如果超過8%就會讓香皂太軟，所以不建議超過。

　　在皂化的過程中，你也可以另外加入較為滋養的油作為補品，「寶寶柔軟天然皂」也是如此製作，所以我們通常會額外添加15公克的金盞花油作為補品，總之就是大約8%為超脂的總量。

—供應商—

◀ 英國

- 香皂廚房（The Soap Kitchen）
www.thesoapkitchen.co.uk
提供製作香皂的成分、設備及
模具
- 煥膚小舖（Fresh Skin Beauty）
www.freshskin.co.uk
專門提供香精油
- 珍手工藝（Jane Means）
www.janemeans.com
緞帶和標籤
- 拉則剪物（Lazer Cutz）
www.lazercutz.co.uk
提供壓模機
- 馬斯格包裝工司（Masque
Wrapping Ltd.）
www.masqueonline.com
提供美麗的包裝紙

◀ 美國

- 藥劑師（Bulk Apothecary）
www.bulkapothecary.com
提供香皂成分和設備
- 尼爾森線上（Nelson Line）
www.nelsonline.com
提供禮品包裝
- 緞帶再世（The Ribbon Retreat）
www.theribbonretreat.com
- 提供緞帶

◀ 澳洲

- 澳洲人香皂供應商（Aussie
Soap Supplies）
www.aussiesoapsupplies.com.au

提供所有製皂必需品
- 紙包裝公司（The Wrapping
Paper Company）
www.wrapco.com.au
提供緞帶和禮品包裝

◀ 南非

- 與香皂同樂（Fun With Soap）
www.funwithsoap.co.za
提供所有製造必須品
- 緞帶收藏家（The Ribbon
Collection）
www.theribboncollection.co.za
提供緞帶和禮品包裝

—網路資源—

- 計算機與配方（Lye calculator
and recipes）
www.thesage.com
- 油脂以及成分（Oils and their
properties）
www.lovinsoap.com/oils-chart
- 救援、建議和配方（Help,
advice and recipes）
www.soapmakingforum.com
- 提供精油混合時的建議

（Advice on blending essential
oils）
http://candleandsoap.about.com/
od/fragrancesandaromat-herapy/
ht/htcustblend.htm
- 《自然生活指南：家居基本常
識》（A comprehensive guide
to naturalliving: Better Basics
for the Home）
Annie Berthold-Bond, Three

RiversPress, 1999.
- 香皂家教（Soap making
tutorials）
www.soapqueen.com
- 製造資源（Soap making
resources）
www.soapguild.org
- 香皂資源（Aromatherapy soap
resources）
www.your-aromatherapy-guide.

關於作者

莎拉・哈伯成長在一個由喜好香料和自然生活的母親所打造的環境裡，所以她最後將興趣作為職業並不讓人意外。莎拉總是浸淫在天然手工的生活中，年輕時就已經自己製作化妝水、面膜和乳霜。因為二十幾歲對化學物過敏，所以才會開始製作自己能用的天然清潔用品，以避免皮膚暴露在人造產品中。

莎拉開始製皂的時間很早，大概是九年前，她在家富麗（Clovelly）和戴文（Devon）的廚房裡，按部就班地嘗試各種香皂製作，最後有了屬於自己的香皂公司。她在家富麗香皂公司及手工工作室，還有蘿豌樹工作室，教導製作香皂的技巧。她的母親及丈夫也同樣成了手工香皂師，協助她完成打造一個無化學純天然環境的目標，她現在能夠很驕傲地說她的五歲女兒，只用她做的香皂及手工乳霜，而且每天看起來都非常棒！

致謝

寫這本書彷彿是我畢生的夢想，最後終於有機會能夠完成，感謝丈夫給予我最大的支持，他總在我想破頭還能有甚麼點子的時候，暫代母職。

我同時想要謝謝我的母親，她永遠在電話那頭給予滿滿的熱情，就像小時候開啟我對手工天然物的熱情一樣。我最可愛的女兒蘿婉給了我靈感寫這本書，讓我知道可以怎樣讓下一代知道這些製皂過程。我也想謝謝我的父親，他也是我最棒的保姆，讓我能專心工作，又能當個管理者。

過去幾年我遇到很多好棒的人，啟發我過著天然手工的生活，給予我希望，讓我們可以把化學拋在腦後，不再過著沒有品質的生活。

我誠摯地感謝F&W媒體集團，提供我寫作的機會，並讓我在沒有壓力的過程中完成本書。最後謝謝「香皂廚房」的馬蒂娜，總是不厭其煩地回答我任何關於製皂的瘋問題。

最想收到的手工皂

用天然材料輕鬆做出20款
創意樂趣、保養沐浴、居家清潔的送禮皂款！

作　　　者	莎拉・哈伯 Sarah Harper
譯　　　者	林品樺
總　編　輯	陳郁馨
副總編輯	李欣蓉
編　　　輯	陳品潔
封面設計	耶麗米工作室
行銷企畫	童敏瑋
社　　　長	郭重興
發行人兼 出版總監	曾大福
出　　　版	木馬文化事業股份有限公司
發　　　行	遠足文化事業股份有限公司
地　　　址	231新北市新店區民權路108-3號8樓
電　　　話	(02)2218-1417
傳　　　真	(02)8667-1891
	Email: service@bookrep.com.tw
郵撥帳號	19588272木馬文化事業股份有限公司
客服專線	0800221029
法律顧問	華洋國際專利商標事務所　蘇文生律師
印　　　刷	凱林彩印股份有限公司
初　　　版	2015年06月
定　　　價	340元

Copyright © Sarah Harper, David & Charles, 2014
an imprint of F&W Media International, LTD. Brunel House, Newton
Abbot, Devon, TQ12 4PU

有著作權・侵害必究　缺頁或破損請寄回更換

國家圖書館出版品預行編目(CIP)資料

最想收到的手工皂 / 莎拉.哈伯著；-- 初版. -- 新北
市：木馬文化出版：遠足文化發行, 2015.06
　　面；　公分. --
譯自：The natural and handmade soap book
　ISBN　978-986-359-090-3(平裝)
　1.肥皂

466.4　　　　　　　　　　　　　　　103027719